生活技能707

U0004871

開始
動手煮碗麵

文字⊙田次枝　攝影⊙黃時毓

So Easy

一切就要開始發生……

開始玩居家 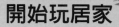  盆栽

開始  在家煮咖啡

開始旅行 說英文

開始隨身帶 數位相機…

延伸生活的樂趣，
來自我們開始的探索與學習，
畢竟生活大師不是天生的，只是很喜歡嘗新罷了。
這是一系列結合自己動手與品味概念的生活技能書，
完全從讀者的實用角度出發，
希望以一目了然、輕鬆閱讀的圖像編輯方式，
讓你有信心成為真正懂得生活的人，
跟著Step by step，生活技能So Easy！

煮一碗道地家常麵

想要煮一碗巷子口香氣誘人的麵，
其實很簡單。
只要掌握好煮麵條的訣竅、
配上喜歡的材料、
淋上細心熬的湯頭，
就能煮出一碗溫暖心裡的麵。

全書有豪華筵席料理、西式炒麵，
還有傳統小吃米苔目、粿仔條、豬腳麵線等，
做法簡單、材料易得。
另外還有煮麵密技單元，
從麵條種類、熬高湯、下麵到炒麵等，
特別規劃出來示範教學，
讓你輕鬆煮碗麵Q湯濃的好麵來！

主編　張敏慧

編者群像

總編輯◎張芳玲

自太雅生活館出版社成立至今,一直擔任總編輯的職務。跨書籍與雜誌兩個領域,是個企畫與編輯實務的老將;這位熱愛生命、生活、工作的職場女性,曾經將豐富有趣的生命故事記錄在《今天不上班》、《女人卡位戰》兩本著作裡面。(拍攝期間負責搞定鄧媽媽調皮的小孫女)

書系主編◎張敏慧

從第一份工作開始就一直從事編輯工作,範圍從電影、美食到房屋雜誌都玩過,現在在太雅生活館裡繼續吃喝玩樂中。長久秉持君子遠庖廚的信念,卻在鄧媽媽的食譜拍攝期間,激起洗手做羹湯的衝動。原來,菜要做的好吃並不難嘛,只要一點點小技巧加上100%的用心就可以囉!

企宣主編◎黃窈卿

Photo/James Lin

從〈ELLE〉雜誌到太雅生活館,覺得工作最有趣的部分,就是能在紙上和現實中同時滿足自己的慾望。原本有難以控制的敗家傾向,來到太雅後注意力暫時得到良性的轉移,只是不知下一步是否會從瘋狂血拼變成瘋狂出遊。目前負責太雅生活館的「個人旅行」和「世界主題之旅」書系,以及企宣工作。

作者◎田次枝

1944年出生的愛美天秤座,最近熱中跳舞,可得九十五分以上高分的專業家庭主婦。味覺特佳,任何獨門配方別想逃過她的舌頭。對做菜多數時間(有時難免會有倦怠)保持高度學習興趣,深信做菜最重要的是用心,並樂於與人分享烹飪心得。著作:《鄧媽媽的私房菜》

攝影◎黃時毓

善於創造不同的影像空間,現為慧毓攝影有限公司負責人,並為出版社、餐飲業、服務等之特約攝影師。閒暇時喜歡下海,悠遊於陽光下,享受釣魚之樂,常可在海面上找到他的蹤影。

美術設計◎何月君

從事美術設計工作多年,接觸過的廠商案子與類型,只能用五花八門來形容,不過最愛的,還是書籍的設計,不僅能訓練耐性,每當書完成時,又有達陣般的成就感,就好像吃豪華大餐一樣,非常痛快。平時喜歡看電影、吃零食,三餐只吃麵食,不吃米飯。決定連著三本食譜書完成後,照鄧媽媽的做法大開吃戒一番。

感謝贊助

WEDGWOOD

吳麗鑾女士

鄧亦琳先生

鄧茵茵小姐

曾怡菁小姐

小乖

開始動手煮碗麵

Life Net 707

太雅生活館 編輯部

文　　字	田次枝
攝　　影	黃時毓
美術設計	何月君

總 編 輯	張芳玲
企宣主編	黃窈卿
書系主編	張敏慧
行政助理	許麗華

TEL：(02)2773-0137　FAX：(02)2751-3589
E-MAIL：taiya@morning-star.com.tw
郵政信箱：台北市郵政53-1291號信箱
網頁：http://www.morning-star.com.tw

發 行 人	洪榮勵
發 行 所	太雅出版有限公司
	台北市羅斯福路二段79號4樓之9
	行政院新聞局局版台業字第五○○四號
分色製版	知文印前系統公司 台中市工業區30路1號
	TEL: (04)2359-5820
總 經 銷	知己實業股份有限公司
	台北分公司 台北市羅斯福路二段79號4樓之9
	TEL: (02)2367-2044　FAX: (02)2363-5741
	台中分公司 台中市工業區30路1號
	TEL: (04)2359-5819　FAX: (04)2359-5493

郵政劃撥	15387718
戶　　名	太雅出版有限公司
初　　版	西元2003年5月30日
定　　價	250元（特價199元）

（本書如有破損或缺頁，請寄回本公司發行部更換，或撥讀者服務專線04-23595820#230）

ISBN　957-8576-64-1
Published by TAIYA publishing Co.,Ltd.
Printed in Taiwan

國家圖書館出版品預行編目資料

開動手煮碗麵／田次枝文字；黃時毓攝影.
——初版. ——臺北市：太雅，2003〔民92〕
　面：　公分. ——（生活技能：707）（Lift net：707）

ISBN 957-8576-64-1（平裝）

1.食譜 — 麵食

427.38　　　　　　　　　　92007760

目錄 CONTENTS

How to use

如何使用本書

全書將麵料理分為五大類，分別為「黃金炒麵」、「熱呼呼湯麵」、「小炒乾拌麵」、「非麵製料理」以及「清爽涼麵」。並有煮麵密技，教你認識麵的「種類篇」、熬一鍋好湯的「高湯篇」、把麵煮透卻不糊爛的「下麵篇」、大火快炒香麵的「炒麵篇」以及引爆味蕾享受的「調味料篇」、與煮麵好幫手「道具篇」，讓你輕鬆煮出一碗好麵！

全書2大部份

【第一部份】煮麵密技

●煮麵密技 ❶ 種類篇：從寬麵、細麵，乾麵、濕麵，到米製、蒟蒻、甚至是綠豆製的不是麵粉做的麵條，各種麵條的特色介紹，並有麵條料理時的注意事項。

●煮麵密技 ❷ 高湯篇：好湯頭，是一碗好麵的精華，分為蔬菜高湯、山珍海味高湯兩種。

●煮麵密技 ❸ 下麵篇：分濕麵的煮法與乾麵的煮法，step by step示範教學，每個步驟的要點跟注意事項都一一詳細說明，照著煮就能煮出有嚼勁的好麵條。

●煮麵密技 ❹ 炒麵篇：從爆香開始，每個步驟都不能偷工減料，就能炒出一盤色香味具全的麵來。

●煮麵密技 ❺ 調味料篇：調味料分為醬膏、醬汁、調味油、調味粉等，說明各種調味料的適合用法與使用注意事項。

●煮麵密技 ❻ 道具篇：煮麵時的基本器具使用介紹，連湯匙、筷子都是料理美味的好幫手喔！

【第二部份】食譜示範

●黃金炒麵：三鮮炒麵、西洋風味麵、花蛤仔麵、蝦仁雞麵、廣東炒麵

●熱呼呼湯麵：魚麵甘泉、酸辣湯麵、魷魚羹麵、大麵羹、筍干味噌麵、泡菜火鍋麵、什錦湯麵、海鮮湯麵、大滷麵、雪菜黃魚麵、牛肉麵

●清爽涼麵：日式涼麵、抹茶涼麵、五福涼麵、鴨絲皮蛋麵

●小炒乾拌麵：豆鼓香麵、牛肉絲拌麵、紹子麵、肉燥麵、炸醬麵、擔擔麵、香辣雞麵、咖哩雞麵、牛筋麵

●非麵料理：蟹肉粉絲煲、泰式炒河粉、鴨肉多粉、炒米粉、麵疙瘩、芋頭米粉湯、味噌蒟蒻麵、當歸麵線、蚵仔麵線、粿仔條湯、

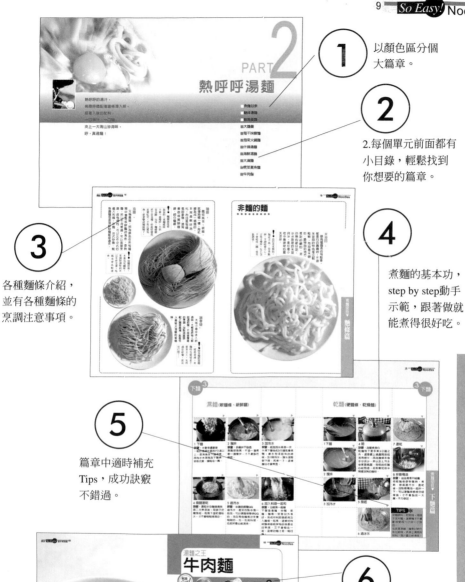

1 以顏色區分個
大篇章。

2 2.每個單元前面都有
小目錄,輕鬆找到
你想要的篇章。

3 各種麵條介紹,
並有各種麵條的
烹調注意事項。

4 煮麵的基本功,
step by step動手
示範,跟著做就
能煮得很好吃。

5 篇章中適時補充
Tips,成功訣竅
不錯過。

6 煮麵公式直接明瞭,準備好
材料就能動手做。

7 製作示範,以文字
助說明,不怕做
驟的零失敗率

如何使用本書

作者 序

煮一碗熨貼心底情感的麵

　　這本麵食的作法，我採集了中國各省地方風味，有辛辣的、清淡的，甚至還把觸角伸至國外。中國菜本身的差別就很大，每個地方或種族的嗜好都不盡相同，唯一類似的，是都有吃麵的習慣。因此，對一般人而言，吃麵絕對不陌生，但你是不是只會煮某一種？

　　這本書不但介紹了各地的麵食，也希望有興趣動手做的人，無須走遍大江南北，只要在自家廚房，就可以做出各地的特色麵食。走過許多大都市，不管是大飯店的豪華料理、或街頭小吃的庶民品味，總會讓我忍不住嘗新研究起來，而那些藏在各地的鄉土料理原味、或家庭裡媽媽的味道，更是被我照單全收印在腦海裡。

　　但麵食除了方便容易之外，最讓人樂於學習之處，恐怕是在於它貼近一般人的胃底與心裡。話說有天我做了一道湖南口味的「鴨肉皮蛋麵」，給我家老先生當午餐，他邊吃邊掉淚告訴我，他終於吃到小時候在家鄉時，

母親親手烹調的麵食。時間雖然距離現在已經有六十多年，但味道卻是那麼熟悉，那種對母親的思念，竟然可以靠著一碗麵，就反芻出媽媽的味道，實在讓人不由得不讚嘆。

　　在忙碌的現代社會裡，職業婦女總覺得時間不夠用，又總為了該如何餵飽全家而傷透腦筋。此時如果學會了幾道麵食的作法，那受益會是無窮的，只要選擇自己喜歡的口味，就可以兼顧營養與價錢，並節省時間，何樂而不為呢？

　　本書製作期間集合了幾位優秀年輕人之力：攝影師黃時毓先生精湛的技術，編輯張敏慧小姐的辛勞與細心，以及他們不時的提醒、協助與幫忙，在此，我由衷地感謝並祝福他們。

田次枝

作者 介紹／作者之女 鄧茵茵撰

燒菜如跳舞

母親近幾年來突然迷戀上跳舞，早上五點多摸黑起床，打扮妥貼之後就美美出門去也，本來只是社區媽媽土風舞，後來不知怎麼搞的舞興大發，也開始學起國際標準舞來。本就愛美的她，一直沒辦法接受我們那種流著汗、穿著醜陋服裝的激烈運動方式，原本為了保持身材才開始進行的舞蹈，卻成了她這幾年來的生活重心。

不但朋友變得越來越多，連打扮也炫麗時髦起來，有一回我跟她去逛街買衣服，專櫃小姐看我穿著土氣，還忍不住告誡：「哇，你媽媽穿得好炫喔，你要多多學習！」我盯著自己的平凡牛仔褲，再看看母親的亮片釘花金穗牛仔褲，不得不承認，專櫃小姐雖然大多數時間都在胡謅，這一時一刻講的話卻是實在的，娘的愛美是從外而內、從小到大都沒改變過，當女兒的只能盡力追趕，或是努力創造自我風格，想要企及卻是完全不可能。

也不只這一點；從小身為職業婦女孩子的我，便當菜色永遠比同學豐盛，用極速做成的晚餐沒一天隨便上菜過，我原本以為媽媽就應該這樣，直到去了別人家吃飯，才知道原來不是天下的媽媽都善烹飪，也不是所有媽媽都樂於操持家事，我家一直是母

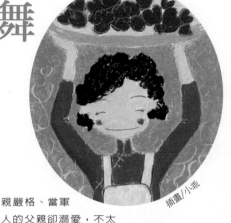

插畫/小乖

親嚴格、當軍人的父親卻溺愛，不太符合什麼嚴父慈母法則，在媽媽的照料之下，家裡永遠一塵不染、美麗大方、規格整齊，要變出一桌子菜的那種魔術，如果問用味覺、記憶與創意拼貼成佳餚的母親，似乎一天一夜也講不完。我的朋友們對於能夠來家裡吃一頓母親燒的菜這件事，幾乎快超過來拜訪我的熱情，往往讓我惱怒卻無話可說，因為好的菜有一種讓人自覺幸福的能力。母親在烹飪這件事上不但有天分，也要求完美，好像跳舞一樣，既然要跳，就得水噹噹的，做菜也是，難吃或難看的菜，當然沒有端上桌的權利。

認真的確是看得到，也吃得到的吧！

煮麵密技

要煮一碗好麵，
只需要簡單的材料與用心。
多了解麵一點、多掌握點小技巧，
會讓吃麵的人，感覺更溫暖。
你準備好開始動手煮碗麵了嗎？

煮麵密技1 ▼ 麵條篇

麵，不同種類的麵，煮法與吃法都不同，對的麵條搭上對的調理方式，吃起來更順口、更痛快！

寬麵
●●●●●

刀削麵 →

粗粗的，由一團麵以刀直接削成，非常有嚼勁，煮湯、炒麵都適宜，山西刀削麵為最優出品，以木須炒麵為上品。

!　由於刀削麵兩頭尖尖、中間很厚，煮的時候要悶一下，才能煮透麵心又不會太爛。

手工寬麵 ←

寬寬的，略有厚度，通常不是很工整的麵型，會有一點捲捲的扭曲狀。適合煮紹子麵、拌麵、牛筋麵、酸辣麵，因為耐煮又Q，喜歡吃麵的人會很過癮。

!　由於是手工麵，溼度很夠，煮的時候不要煮太久。搭配羹類煮，混著羹汁滑溜溜地，呼嚕一聲就進肚了。

大麵 →

非常特別的麵條，是製作大麵羹專屬的麵條，配上蘿蔔乾，非常好吃。

!　含鹼量很多，事前準備功夫要足，一定要加小蘇打粉泡水1個小時，再徹底沖乾淨，才能下水煮。

烏龍麵 ←

滑溜軟Q，白白胖胖、圓圓的麵條，久煮不爛，非常適合做成鍋燒麵，跟著湯汁一起吃，很順口，做成烏龍炒麵也不錯。

！
● 烏龍麵本身算是一種熟麵，可以直接下鍋煮。

蔬菜麵 ↙ ↓

是乾麵條，通常有紅色的蘿蔔麵、綠色的蔬菜麵2種，整齊的機器製作，本身顏色又非常鮮豔，做成涼麵非常漂亮。

！
● 由於是乾燥麵，本身水分極少，煮的時候一定要悶一下，才能煮透。

細麵

● ● ● ● ●

意麵→

可塑性非常大的麵條。扁扁的，略略寬，非常容易煮透，做成各種湯麵都適合，做成乾拌麵、咖哩雞麵，也能很快吸收味道。

！ 意麵很薄，煮的時候通常滾一次就幾乎熟了，要趕快撈起來，不然就很容易斷掉，不好料理。

麵線→

麵如其名，很細，就像絲線一樣，用紅線紮成一捆捆的，非常柔軟好消化，而且是有福氣的象徵，通常會做成豬腳麵線、蚵仔麵線、

! 麵線就是要長長的，煮麵線時不要一直攪拌，不然容易斷。另外，麵線雖然不容易爛，但最好還是當餐吃完，不然反覆加熱，就會變成麵線糊了。

油麵→

又稱黃麵，因為顏色在所有麵類中算是很鮮豔的黃色。是熟麵，所以不用煮過，可以直接烹調；很有彈性，可以比作中式的義大利麵。涼麵、台式炒麵、魷魚羹麵或是海鮮炒麵都很適合。

! 油麵很香，本身也有鹹味，烹調時調味料可以不用太重，吃起來會比較清爽。

陽春麵←

大街小巷中迷人的香味，大概是所有人都吃過的麵。不用很複雜的烹調，加點油蔥頭、配上豬骨高湯，就是令人垂涎又溫暖的家鄉味。

! 陽春麵跟意麵一樣都很薄，煮麵時也要留意不要煮太久，免得過於軟爛，就沒有口感了。

非麵的麵

米苔目→

跟烏龍麵長的有點像，都是白白圓圓的，不過米苔目的特色是比較鬆軟，而且是米做的。最特別的地方是甜的鹹的、涼的熱的都好吃。冰冰甜甜的米苔目冰，是台灣小吃中最神奇的夏天涼品。

!
由於是米製的，黏度不高，容易斷掉，烹調時要小心，以筷子攪拌，反正也不會結成一團、或是黏鍋底。

煮麵密技▼ **麵條篇**

米粉

乾燥的時候有
點透明，煮熟後
有點像白色的
線。最熱門的做
法是米粉湯、炒
米粉，很香。

!
米粉要先泡熱
水，泡軟後稍微
煮一下就可以料
理了。不過若是
煮湯，要現煮現
吃，不然米粉很
會吸水，不馬上
吃完湯汁會被吸
光、米粉也會變
得太軟。

粉條

綠豆製品。是
乾燥麵，煮後有
彈性，非常透
明，做成涼拌襯
著翠綠的蔥絲、
艷紅的辣椒絲，
可口動人。

!
適合乾拌，尤
其是涼拌著吃，
煮一下就撈起來
拌點橄欖油。

粿仔條 →

也稱板條，米製的寬扁麵條，傳統的板條比較Q，很有彈性，現在有的板條則是做得比較鬆軟。道地客家小吃常見料理，煮的炒的都適宜。

! 耐煮不易爛，非常滑溜，吃的時候小心別讓他溜走，還會把湯汁濺得滿身喔！

蒟蒻麵 →

無熱量的減肥聖品，造型多變，吃的時候很有視覺樂趣。買回來可以直接拆封料理，拌點柴魚醬、淋上味噌湯、甚至丟進滷味裡一起滷一下，都很好吃。

! 多吃無害，口感也不錯，只能說是科技下的廠害產品。

煮麵密技 ▼

麵條篇

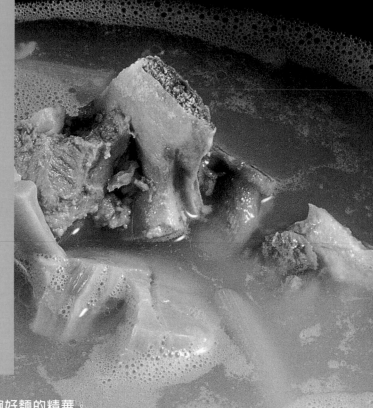

煮麵密技2、3▼高湯與下麵篇

好湯頭，是一碗好麵的精華。
清爽的，能襯托出食材的鮮美；
濃郁的，可以喝一口就吸收山
珍海味精華。只要有心，誰都
能熬出好湯頭！
好吃的麵，除了用料新鮮、調
味得宜，千萬別忘了主角麵條
要煮得軟硬適中，柔軟又有彈
性，才是一碗好麵！

2 高湯

熬一鍋好高湯

高湯可以分成2種，「蔬菜高湯」、「山珍海味高湯」。

→ **蔬菜高湯**
指高麗菜、青椒、紅蘿蔔、玉米、
洋蔥等，熬成一鍋，全都以蔬菜為
湯底。
花費時間：1小時

→ **山珍海味高湯**
由「山珍」排骨、雞骨、金華火腿，
與「海味」干貝，及薑、蔥、米酒熬
成一鍋的高湯。
花費時間：2小時
熬高湯的手續：
煮沸水，放入所有材料小火慢熬即可

煮麵密技▼ 高湯篇

TIPS ✳

■ 熬肉類的高湯時，先把肉煮一遍洗掉血水，再重新加入材料與薑、蔥、米酒一起熬。

■ 熬高湯時如有浮沫請撈掉，這樣整鍋湯會很清爽。

■ 一次熬一鍋高湯，如果用不完，可以放到製冰盒或是塑膠袋裡，冰成一塊塊的，下次要用時，直接像高湯塊一樣放進鍋裡融化，就有現成高湯囉！

下麵 秘技3

濕麵（軟麵條、新鮮麵）

1 下麵
訣竅：水要多還要滾
一般的湯鍋水要放7分滿以上，滾沸後放下麵條煮，因為水未滾就放下麵條，容易沈澱、爛糊成一團。

2 攪拌
訣竅：多攪拌不黏底
濕麵容易煮，不過一邊煮要一邊攪拌，才不會黏在鍋底。

3 加冷水
訣竅：起泡加水再滾一次
水沸下麵後約3分鐘就會煮開，當水泡浮起來的時候，加1碗冷水，讓水溫整個下降，再煮一下，這樣麵心才會煮透。

4 撈麵瀝乾
訣竅：瀝乾水分麵條清爽
第二次煮滾後，用篩子把麵撈起，甩兩下瀝乾麵粉水，才不會糊糊滑滑的。

5 過冷水
訣竅：冰鎮收縮麵QQ
過冷水、甚至放點冰塊一起泡，可以讓麵條變得QQ的，而且有些麵煮出來會糊糊的，洗一洗再料理，吃起來會比較清爽。

6 加入料理一起和
訣竅：分開煮一起燴
不管是湯麵、炒麵、乾麵，麵條一定是另外煮好，其他材料起鍋前再加入麵條一起煮，這樣材料與麵條都能保有自身最佳的熟度、又不會糊在一起，這樣的麵才是一碗好麵！

祕技3 下麵

乾麵 (硬麵條、乾燥麵)

1 下麵

POINT!

4 悶
訣竅：加壓煮透心
乾麵除了要多煮3分鐘之外，還要蓋上鍋蓋悶到起泡再熄火。因為麵條本身水分很少，所以加上冷水後要蓋鍋蓋，用悶的把麵心給悶透，否則會吃到中間還沒熟的麵粉。

7 瀝乾

2 攪拌

POINT!

8 拌橄欖油
訣竅：油油滑滑不結團
用乾麵條做炒麵時，煮熟、撈起過冷水、瀝乾後，加點橄欖油一起拌一下，可以讓麵條根根分明滑溜，才不會黏成一大團，不方便吃。

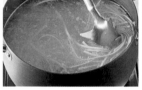

3 加冷水

5 撈起

6 過冰水

TIPS ✳

加麵跟料一起和時，用筷子來拌麵，這樣麵才不會斷掉變成一小段一小段的。
如果是湯麵，麵煮好時先放在碗裡，再淋上湯頭與材料，湯汁會比較清爽。

煮麵密技▼ **下麵篇**

煮麵密技4 ▼ 炒麵篇

炒麵最迷人的部分，就從熱油鍋爆香蔥蒜的那一刻開始。拍蒜切蔥，唰地入鍋爆香，撒下調味料、快速翻炒，麵條在鍋中彈跳上色，一盤誘人的炒麵即刻端上鍋！

4 炒麵

炒麵要先把麵條煮好備用

▶1

■炒麵時先熱油鍋，再爆香香料

▶2

■加上調味料

▶3

■放入材料：先放肉類

▶4

■放入材料：後放菜類

▶5

■加上事先煮好的麵拌炒

煮麵密技▼ 炒麵篇

TIPS ✱

炒材料時是以香料為先，再炒肉類、肉絲，海鮮最後是蔬菜類。

煮麵密技5、6▼

調味料與道具篇

好的調味可以提昇整道菜的味
覺、嗅覺，甚至是視覺。如果
能有技巧地運用手上的瓶瓶罐
罐，就能讓簡單的菜色幻化成
山珍海味！

巧婦難為無米之炊，不過，有
米沒有鍋子也炊不起來。別擔
心需要神奇的工具，手邊的湯
匙、筷子，都是煮麵的得力好
幫手喔！

醬汁 秘技 5 調味料

鮮味露
用法
燒豆腐、做麵食、炒菜等
注意
拌的時候一起灑進去

香菇柴魚醬油
用法
涼拌做菜時
注意
當沾醬的醬汁底

柴魚醬油
用法
日式料理、涼拌
注意
建議當沾醬比較有味道

蠔油
用法
炒菜、涼拌、紅燒，
用途很廣
注意
適合食材單純時使
用，才能顯出蠔油的
鮮美

果醋↑
用法
涼拌
注意
甜味較重，適合海
鮮或水果類

白醋 →
用法
涼拌、燒魚
注意
只要灑幾滴就夠了

涼拌密技▼

調味料篇

調味料 5 調味油、調味粉

橄欖油 ←
用法
涼拌或者菜燒好時，
點個幾滴
注意
大概5、6滴，不然會過膩

香油 ↗
用法
用途很多，醃、炒、
拌、淋在菜餚上
注意
上桌前灑個幾滴

米酒 ↓
用法
醃肉、去腥
注意
料理米酒本身就有鹽分，
所以加鹽巴時可以視情形
少放一點

胡麻油 ↓
用法
炒菜或者燉補品時，
涼拌也適宜
注意
提味用，不宜多

黑胡椒粒 ↘
用法
醃菜、提味
注意
上桌前灑一點在
料理上即可

醬油膏 ↑
用法
湯或煮麵食類，
包餡時都須要它
注意
要拌勻，否則遇潮結塊，
一口吃到會很嗆

白胡椒粉 ←
用法
湯或煮麵食類，
包餡時都須要它
注意
要拌勻，否則遇潮結塊，
一口吃到會很嗆

醬膏  5 調味料

本書度量標準

一碗水
一般飯碗八分滿

一湯匙
中型湯匙，一平匙

一茶匙
小茶匙，一平匙

辣豆瓣醬 ↓
用法
炒菜、燒豆腐、做川菜時、紅燒牛肉時用得最多
注意
加太多會變得很鹹

咖哩 ↑
用法
燴、炒、拌都適合
注意
在熱水中溶開咖哩塊再倒入料理，比較容易均勻

果糖 ↑
用法
直接與其他調味料混和
注意
只要放一些提味即可

味增 ↑
用法
做調味醬、煮湯
注意
放熱水中融化就可以加入調味了

道具 招式 **6**

水盆 ↓
洗食材、冰鎮，也可
以當拌菜的大缽。

湯鍋 ↗
煮、燙、泡，全靠它。

炒鍋 ↑
爆香、炒配料，烙
餅、烘蛋，炒完加
水、加高湯煮成湯，
空間也很足夠。

鍋蓋 ↑
煮硬麵條、或是需要長時
間燉煮的時候，蓋上鍋蓋
有稍微加壓的功能，可以
讓東西更快煮透。

菜刀 ↗
只要切菜，都用的上。

秘技6 道具

麵杓 ↓
特別為撈麵條而設計的，
在杓狀的器具四周，有長
突起，可以把麵條抓住，
不會滑溜下來。

尖刀
輕巧靈活，刀片薄、前
端尖，適合切易碎食
材，如蛋、豆腐。

磨泥器 ↑
磨蘿蔔等根莖類食
材，磨成泥狀與調
味料一起拌。

漏杓 ←
比濾網的漏洞大，也是
用來撈食材、瀝乾，適
合瀝乾較大塊的食材或
麵條。

湯匙、茶匙 ↑
除了用來計量、攪拌，還
可以用來挖洞，塞餡料。
要挖大洞用大湯匙，小洞
就用小茶匙囉！

筷子 ↑
筷子可以用來攪拌、甚
至是切割較軟的食材，
如煮好的蘿蔔、馬鈴薯
等，也可以用來代替打
蛋器。

涼拌密技▼ **道具篇**

絕對的香氣誘惑，

絕對的金黃美食色調，

都在一盤簡單的炒麵裡。

在熱油的滋滋響中，炸香的青蔥，

加上所有材料一起大火快炒，

在揮動菜鏟的快感中，

好吃的炒麵就上桌！

PART 1

黃金炒麵

沒有魚的魚料理
三鮮炒麵

煮麵公式！

 油麵 +  魷魚 + 炒鍋 = **5** 分鐘

4人份材料material
熟油麵4團、魷魚半隻、墨魚1隻、蝦仁2兩、香菇2朵

調味料spice
■芥花油3湯匙、蠔油1匙，胡椒粉、鹽少許
■薑片2片、青蔥2支、辣椒1支

作法 r e c i p e

GO!

1 魷魚、墨魚洗淨切斜紋長方型，蝦仁挑出泥沙，全部汆燙後撈出放入冷水中，撈出瀝乾。

2 油鍋燒熱爆香薑片、青蔥、辣椒、香菇後，加入調味料拌勻，再加入海鮮快炒。

3 起鍋前加入油麵拌炒幾下即可。

黃金炒麵篇 ▼ 三鮮炒麵

OKAY!
海鮮稍微先燙一下就好，這樣再炒過才不會變得太老。

西洋風味麵

金黃蛋香培根脆

煮麵公式！

意麵 ＋奶油 ＋炒鍋 ＝**5**分鐘

4人份材料material
意麵4人份、奶油1小塊、
蛋黃2個、洋菇5個

調味料spice
■黑胡椒粒、鹽各1茶匙，
橄欖油2湯匙
■青蔥2支、洋蔥1/2個

作法 r e c i p e

GO!

1
蛋黃蛋白分開，只取蛋黃打散，洋蔥切粒、洋菇切片、培根切段。

2
奶油放入平底鍋融化燒熱，加入洋蔥、培根煎香，再加入洋菇拌炒。

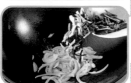

3
倒入蛋黃液翻炒，讓蛋黃裹住所有材料燴香。

4
放橄欖油加入煮熟的麵混合一起燴炒入味後熄火，灑下蔥花翻炒均勻即可盛盤。

黃金炒麵篇▼ 西洋風味麵

OKAY!

中式的意麵與西式的材料做搭配，為生活加點變化。

貝殼裡的鮮甜都在這
花蛤仔麵

黃金炒麵篇 ▼ 花蛤仔麵

 煮麵公式！

意麵  + 花蛤仔 + 炒鍋 = **5**分鐘

2人份材料material
熟油麵2團、花蛤仔1斤、蕃茄1個、洋菇10朵

調味料spice
■芥花油3湯匙、蠔油2湯匙，鹽、胡椒粉各1茶匙
■洋蔥1/2顆、九層塔數片

作法 r e c i p e

GO!

1
所有的材料洗淨，蕃茄、洋蔥均切粒，洋菇切片、花蛤仔泡水吐沙備用。

2
油鍋燒熱炒香洋蔥、洋菇、九層塔拌炒，再加入花蛤仔翻炒。

3
加入調味料後與麵拌炒燴在一起。

4
起鍋前加入蕃茄丁翻炒即可起鍋。

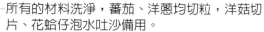
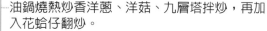

OKAY!

花蛤仔雖小，但肉質飽滿鮮美，與麵炒在一起吸收湯汁一點也不浪費。

不加味的柔嫩滋味
蝦仁雞麵

煮麵公式！

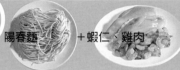

陽春麵 ＋ 蝦仁、雞肉 ＋ 炒鍋 ＝ **5**分鐘

2人份材料material
陽春麵2團、蝦仁4兩、蕃茄1個、雞胸肉1片

調味料spice
■鹽、蠔油、黑胡椒粒各1茶匙，太白粉1湯匙、芥花油2湯匙
■青蔥2支、洋蔥半個

作法 recipe
GO!

1
雞肉切片醃少許的調味料及太白粉。

2
蝦仁去背泥、洋菇切片、洋蔥、蕃茄切丁，青蔥切粒備用。

3
油鍋燒熱先炒洋蔥爆香，再放入洋菇、雞肉片、蝦仁一同翻炒。

4
加入調味料後與煮熟的麵燴炒一起，起鍋前放入蕃茄丁、青蔥粒拌炒即可。

黃金炒麵篇 ▼ 蝦仁雞麵

OKAY!
具有豐富的蛋白質，最適合成長中的小朋友。

港味十足的脆與鮮

廣東炒麵

煮麵公式！

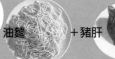 油麵　+ 豬肝　+ 炒鍋　= **5** 分鐘

2人份材料material

熟油麵2人份、魷魚半隻、
墨魚1隻、木耳2大片、
綠竹筍1支、豬肝片10片、
草蝦8隻、青椒1個

調味料spice

■蠔油、太白粉水各2湯
匙，芥花油5湯匙，味精、
胡椒粉各1茶匙，鹽少許
■青蔥1支、洋蔥半個、紅
辣椒1支

作 法　r　e　c　i　p　e

GO!

1

竹筍滾水煮20分鐘後與木耳、青椒均切片，
洋蔥切絲、草蝦剪鬚、魷魚墨魚各切斜紋長
形，紅辣椒切粒。

2

豬肝切片沾少許太白粉，先以滾水汆燙。

3

以熱油鍋小火煎油麵，煎到雙面焦黃即可。

4

炒洋蔥爆香後，放入所有材料翻炒，加入調味
料，最後勾芡。滾熱後，淋在麵上即可。

黃金炒麵篇 ▼ 廣東炒麵

OKAY!

麵餅要煎得脆脆的，配上滾燙的
苟芡醬料，卡哩卡哩的吃最過
癮！

熱呼呼的湯汁，

唏哩呼嚕配著麵條滑入喉，

搭著入味的配料，

一口湯汁、一口麵，

夾上一大塊山珍海味，

呼，真過癮！

PART 2

熱呼呼湯麵

魚鮮蔬菜甜
魚麵甘泉

煮麵公式！

 意麵 ＋加魶魚  ＋湯鍋  ＝**25**分鐘

1人份材料 material
意麵1團、加魶魚半隻、
高麗菜1/4顆、魚丸6個、
小白菜300公克

調味料 spice
■咖哩、味噌各1湯匙，
鹽少許
■洋蔥半個、紅蘿蔔半
條、大芹菜2條、青椒1個

作 法 r e c i p e
GO!

1

先將蔬菜類洗淨切成條狀，用一鍋清水把所有
的蔬菜(小白菜除外)，放入清水煮成蔬菜高
湯，約30分鐘。

2

魚切片川燙一下撈起，蔬菜高湯過濾渣質後與
魚片混在一起。

3

用少許的水與咖哩、味噌拌勻再倒入蔬菜、魚
片、魚丸同煮，最後加入鹽、小白菜即可。

熱呼呼湯麵篇 ▼ 魚麵甘泉

OKAY!

魚的鮮美加上綜合蔬菜湯構成自
然的甜美，營養俱備，多吃有益
身體健康。

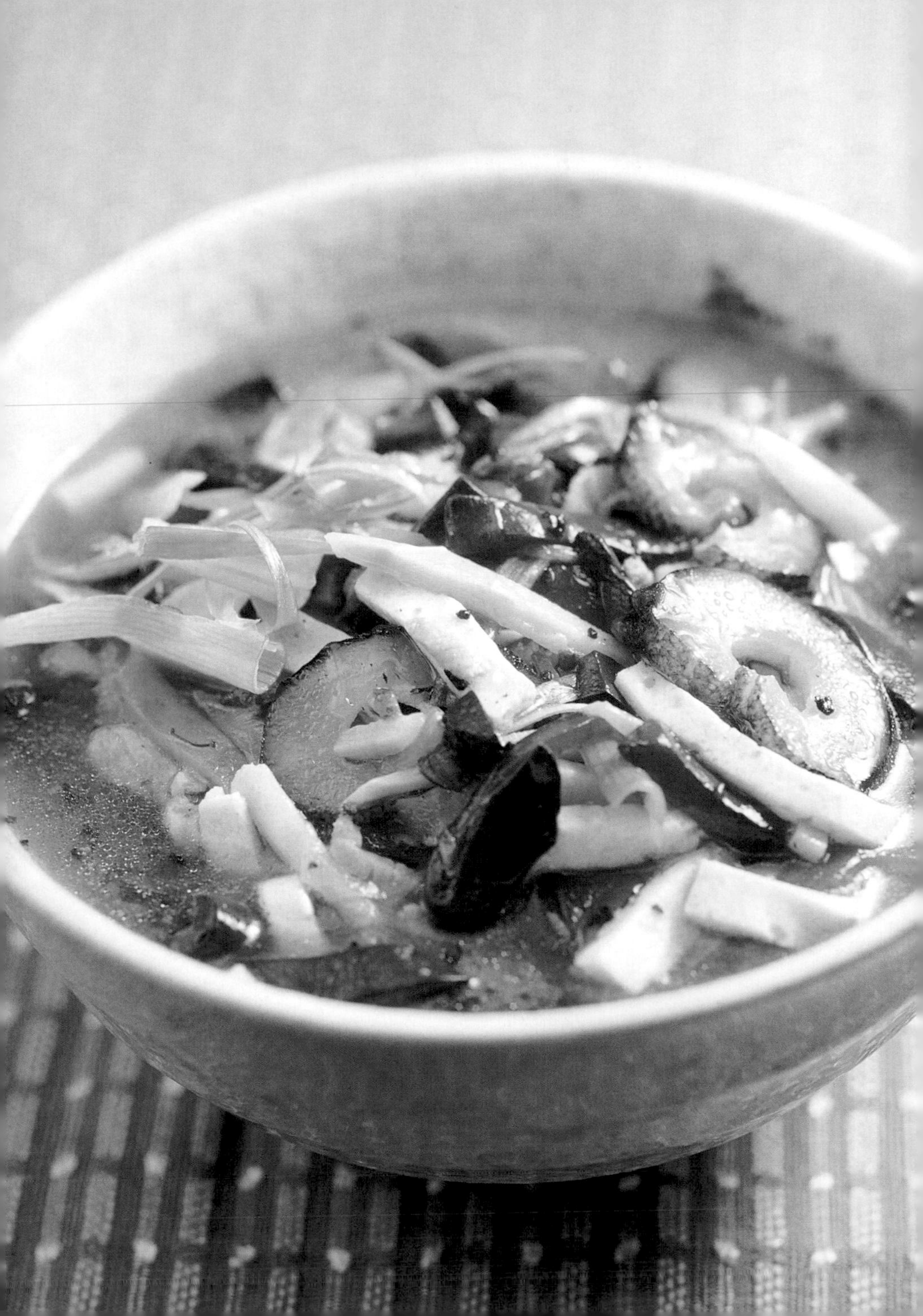

享受流汗的暢快
酸辣湯麵

煮麵公式！

寬麵 ＋鴨血 ＋湯鍋 ＝ **12** 分鐘

1人份材料 material
寬麵1碗、里肌肉2兩、
刺參1隻、綠竹筍1支、
豆腐1/2盒、鴨血3片

調味料 spice
■胡椒粉、辣油各1/2茶匙
，醬油1茶匙、醋1湯匙，
味精、香油、太白粉少許
■青蔥2支、高湯2碗、
芥花油2湯匙

作法 recipe
GO!

1 所有的材料均洗淨，切條狀備用。

2 油鍋爆香蔥絲、肉絲、筍絲，加入調味料後加入高湯，再放豆腐、鴨血、刺參。

3 待滾沸後，加入太白粉水勾芡

4 寬麵煮熟瀝乾水份盛入碗中，煮好的酸辣湯淋入麵碗裡，再灑些蔥絲、胡椒粉即可。

熱呼呼湯麵篇 ▼ 酸辣湯麵

OKAY!

冬天裡煮一碗酸辣湯麵，的確是
不錯的享受。

彈牙的海味小吃
魷魚羹麵

煮麵公式！

油麵 + 魷魚 + 湯鍋 = **13**分鐘

1人份材料 material
熟油麵1團、水發魷魚半隻、麵粉1/3碗、冬筍1支

調味料 spice
■鹽、香油各1茶匙，太白粉水1/2碗、烏醋1湯匙、高湯2碗，醬油、味精、白胡椒粉少許
■香菜少許

作 法　r　e　c　i　p　e
GO!

1
魚漿加麵粉、鹽、醬油少許就可，放點水攪拌。冬筍煮熟切絲備用。

2
把魷魚切成斜紋長方型，裹上魚漿。

3
裹好魚漿的魷魚放入滾水中煮，魚漿凝固立刻撈起，就是魷魚羹。

4
高湯燒開後加入油、麵、調味料、魷魚羹、筍絲，最後勾芡，淋下香油、香菜即可。

熱呼呼湯麵篇 ▼ 魷魚羹麵

OKAY!
剛做好的魷魚羹溫溫的，非常軟嫩，在家做可以多放喜歡的食材。

中台灣熱情小吃
大麵羹

煮麵公式!

大麵 ＋ 蘿蔔乾 ＋ 炒鍋 ＝ **1.5** 小時

4人份材料 material
大麵(含鹼)一斤、香菇3朵、蝦皮3湯匙、韭菜200公克

調味料 spice
■鹽、醬油、香油各1湯匙，味精2茶匙、胡椒粉1茶匙、芥花油半碗
■紅辣椒2支、紅蘿蔔半條、碎蘿蔔乾1碗、香菜3棵、大蒜3粒

作法 recipe
GO!

1
蘿蔔乾與辣椒、大蒜都切成粒，一同在鍋裡炒熟後盛在小盤裡備用。

2
大麵泡水10分鐘後，沖水洗淨麵上的鹼粉，再剪成3段備用。

3
所有的材料洗淨切絲，油鍋燒熱炸香蝦皮、香菇、肉絲、韭菜頭，依序炒香加調味。

4
在炒鍋裡放水至水位高過所有材料，放入大麵以小火慢煮約50分鐘至爛。間或攪拌一下免得麵粘在鍋底燒焦，起鍋前放紅蘿蔔絲及韭菜葉子翻攪幾下即可。

OKAY!
台灣中部獨有小吃，吃的時候加上香菜、香油、辣油，以及必備的辣蘿蔔乾，感受台中的熱情與豪邁。

熱呼呼湯麵篇 ▼ 大麵羹

中式味噌拉麵
筍干味噌麵

煮麵公式!

陽春麵 + 筍干 + 湯鍋 = 2 小時

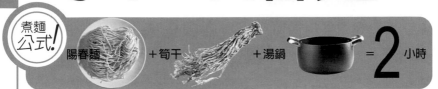

4人份材料 material
陽春麵4團、排骨1斤、
筍干15條、魚板16片

調味料 spice
■米酒、味噌各2湯匙，
鹽、雞精各2茶匙
■青蔥8支、薑4片

作法 recipe
GO!

1

筍干先泡水發起來後，與排骨以熱開水煮一遍後洗淨。

2

把筍干切5公分長，再與排骨、青蔥、薑片、米酒一起小火燉煮1個鐘頭

3

加入味噌，再燜煮1個鐘頭備用。

4

煮好的麵條及魚板撈起後放入麵碗裡，加入燉煮好的筍干排骨湯，上面灑下蔥花即可。

OKAY!

日式口味，任何麵都可以，份量多更好做，一道麵食全家享用。

熱呼呼湯麵篇 ▼ 筍干味噌麵

火辣辣的滋味
泡菜火鍋麵

 煮麵公式！

烏龍麵 ＋泡菜 ＋湯鍋 ＝ **7**分鐘

1人份材料 material
1人烏龍麵、韓國泡菜半碗、肉絲2兩、蛤蟆6個、蛋1個、小白菜2棵、豆腐半塊

調味料 spice
■香油1茶匙、高湯1碗，鹽、味精少許

作法 r e c i p e

GO!

1
瘦肉切絲、豆腐切片、小白菜洗淨切段。

2
麵煮熟後瀝乾盛在湯鍋裡，加入高湯、1碗水、調味料以及全部材料，煮約5分鐘。

3
等泡菜入味後，打個蛋即可起鍋。

OKAY!

冬天裡做鍋燒麵，溫暖全身，鮮豔的蛋黃在碗裡流動，滋味鮮美。

熱呼呼湯麵篇 ▼ 泡菜火鍋麵

神奇的榨菜料理
什錦湯麵

煮麵公式！ 陽春麵 + 榨菜 + 湯鍋 = 6分鐘

2人份材料 material
陽春麵2團、豬肉絲2湯匙、滷蛋1個

調味料 spice
■白胡椒粉、香油、鹽、味精各1茶匙，高湯2碗
■青蔥2支、金針半碗、香菇2朵、碗豆嬰1碗、紅蘿蔔絲1/3碗

作法 recipe
GO!

1

燒水煮麵，熟後撈起瀝乾。

2

榨菜跟其他所有材料洗淨後，均切成細絲，金針泡水打結待用。

3

肉絲沾太白粉醃一下後，與所有材料一起放進高湯裡煮，燒開後加調味料再煮一下即可起鍋倒入麵上。

OKAY!

清爽的蔬菜加上冰箱裡翻到的材料，加上榨菜就變得很好吃。

熱呼呼湯麵篇 ▼ 什錦湯麵

滿滿一碗海滋味

海鮮湯麵

煮麵公式！ 意麵 +魷魚、墨魚 蛤仔、草蝦 +湯鍋 =**12**分鐘

2人份材料 material
意麵2團、魷魚1/2隻、墨魚1隻、蛤蠣6個、草蝦4隻、魚丸魚板10個、小白菜4棵、金針菇半碗

調味料 spice
■鹽1茶匙、胡椒粉1/2茶匙、香油1湯匙、高湯2碗

作法 r e c i p e
GO!

1
墨魚、魷魚切斜紋長形狀後，與蝦仁同時川燙一下，撈起置入冷水中。

2
麵煮熟後撈起備用，小白菜、青蔥洗淨切段。

3
高湯加水燒開，將所有材料與調味料加在一起入味，最後放小白菜、香油，即可盛入麵碗裡。

熱呼呼湯麵篇 ▼ 海鮮湯麵

OKAY!

集海鮮的鮮味，豐富的營養是居住在海島地區所特有的幸福。

熱騰騰的烏髮柔情
大滷麵

煮麵公式！

寬麵 + 髮菜 + 湯鍋 = **5**分鐘

1人份材料 material
刀削麵2團、里肌肉100公克、髮菜2湯匙、韭菜4棵、冬筍2湯匙

調味料 spice
■味精、胡椒粉各1茶匙，鹽1茶匙半、香油2茶匙、芥花油3湯匙、太白粉水1碗
■青蔥1支，紅蘿蔔絲、金針、木耳各2湯匙，香菇2朵

作法 r e c i p e
GO!

1
韭菜、青蔥切段，其他材料均切絲備用。

2
油鍋燒熱先炸香蔥段、肉絲，再陸續加入其他材料翻炒。

3
放4碗水燒開，再掰入髮菜後，將調味料混合滷湯裡調勻，最後苟芡。

4
用一鍋水煮麵，熟後撈起瀝乾，盛入麵碗裡淋下滷湯即可。

OKAY!
集合食材的鮮美，達到色香味俱全、營養兼顧，一碗在手可以飽餐一頓。

熱呼呼湯麵篇 ▼ 大滷麵

清蒸無油香魚料理

雪菜黃魚麵

煮麵
公式！

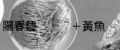 陽春麵 ＋ 黃魚 ＋ 湯鍋  ＝ **16** 分鐘

1人份材料 material
陽春麵2團、黃魚1尾、
雪菜4棵

調味料 spice
■味精、香油各1茶匙，
鹽1茶匙半、米酒2湯匙、
高湯2碗
■薑3片、青蔥2支

作法 r e c i p e

GO!

黃魚除去內臟洗淨，剁成6塊抹鹽後盛盤，淋
上米酒、蔥、薑絲，用電鍋蒸約15分鐘。

2
雪菜洗淨後切約1公分小段，陽春麵先煮好擺
進碗裡。

3
蒸好的魚，魚汁、高湯、雪菜一同煮約2分鐘。

4
煮好的雪菜黃魚湯，淋入碗麵裡，再滴下香油
即可。

熱呼呼湯麵篇 ▼ 雪菜黃魚麵

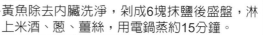

OKAY!

中國沿海地區屬江浙人最喜歡魚
麵的作法，清蒸的肥美黃魚，形
狀完整口感好。

湯麵之王
牛肉麵

煮麵公式！

陽春麵 ＋牛腱 ＋湯鍋 ＝ 2 小時

4人份材料 material
陽春麵4團、牛腱600公克、蕃茄1個、小白菜1斤

調味料 spice
■麻油、醬油各2湯匙，辣豆瓣醬、甜麵醬各1湯匙，鹽酌量
■洋蔥1個、薑片3片、八角3個、紅白蘿蔔各半條

作 法 r e c i p e
GO!

1

牛肉切成4公分寬，放入滾水煮出血水後，倒出洗淨瀝乾。洋蔥切條、蕃茄切片、小白菜切段、紅白蘿蔔切塊。

2

牛肉拌全部的調味料醃，約30分鐘。

3

油鍋燒熱放麻油，炸香八角、薑片、洋蔥後，放入醃好的牛肉翻炒，加4大碗水燒開後用小火燉煮60分鐘，最後放紅白蘿蔔、蕃茄，煮20分鐘熄火。

4

麵煮好，小白菜汆燙後盛入麵碗、加入牛肉湯即可。

熱呼呼湯麵篇 ▼ 牛肉麵

OKAY!

市面上有許多牛肉麵的作法，屬這道作法最多。

夏天很熱的時候、
不想舞刀弄鏟的時候、
想要清淡簡單的時候，
就做點涼麵讓心情好起來吧！

PART 3

清清爽爽的涼麵

■日式涼麵

■抹茶涼麵

■五福涼麵

■鴨絲皮蛋麵

紅白綠三重奏
日式涼麵

煮麵公式！

雙色麵  ＋白蘿蔔 ＋磨泥器 ＝**8**分鐘

4人份材料 material

蔬菜麵(綠色跟紅色)各2束、白蘿蔔1條

調味料 spice

■柴魚醬油3湯匙、橄欖油2湯匙、冷開水1湯匙
■芥茉1茶匙、
海苔絲4片、
芝麻海苔味少許

作法 recipe

GO!

1

麵條放入滾水中，煮熟後撈起，放入冷開水瀝乾。加橄欖油攪拌均勻，以刀叉捲成糰狀裝盤，海苔切絲灑在麵糰上，再加芝麻海苔味。

2

白蘿蔔用刮泥器刮成泥狀，放在紗布裡擠出水分。

3

柴魚醬油加水、加芥茉、加蘿蔔泥，放置1小碗裡與涼麵混合食用。

小炒乾拌麵篇 ▼ 日式涼麵

OKAY!

白蘿蔔的泥甜味中帶點辛辣的刺激，為味蕾帶來對比的享受。

抹茶涼麵

綠色夏天風味麵

煮麵公式!

 蔬菜麵 ＋ 綠茶粉 ＋ 鍋子 ＝ **40** 分鐘

2人份材料 material

蔬菜麵2人份、鴻禧菇50公克、海帶芽1/2碗

調味料 spice

■鹽1/2茶匙、果糖、檸檬汁、冷開水各1茶匙，柴魚醬油2茶匙、橄欖油2湯匙

■綠茶粉1茶匙、芝麻少許

作法 recipe

GO!

1

蔬菜麵煮熟後，撈出置於冰水中，待涼後撈起瀝乾，盛入碗中加入橄欖油拌勻備用。

2

海帶芽泡水30分鐘後，放入滾水中煮5分鐘撈起，再汆燙鴻禧菇撈出備用。

3

綠茶粉與調味料混合拌勻淋在蔬菜麵裡，鴻禧菇與海帶芽也加進拌在一起，盛入盤裡再撒上芝麻即可。

清清爽爽的涼麵▼ 抹茶涼麵

OKAY!

夏天氣候炎熱涼爽的麵條與海帶芽帶來海的訊息使人暑氣全消。

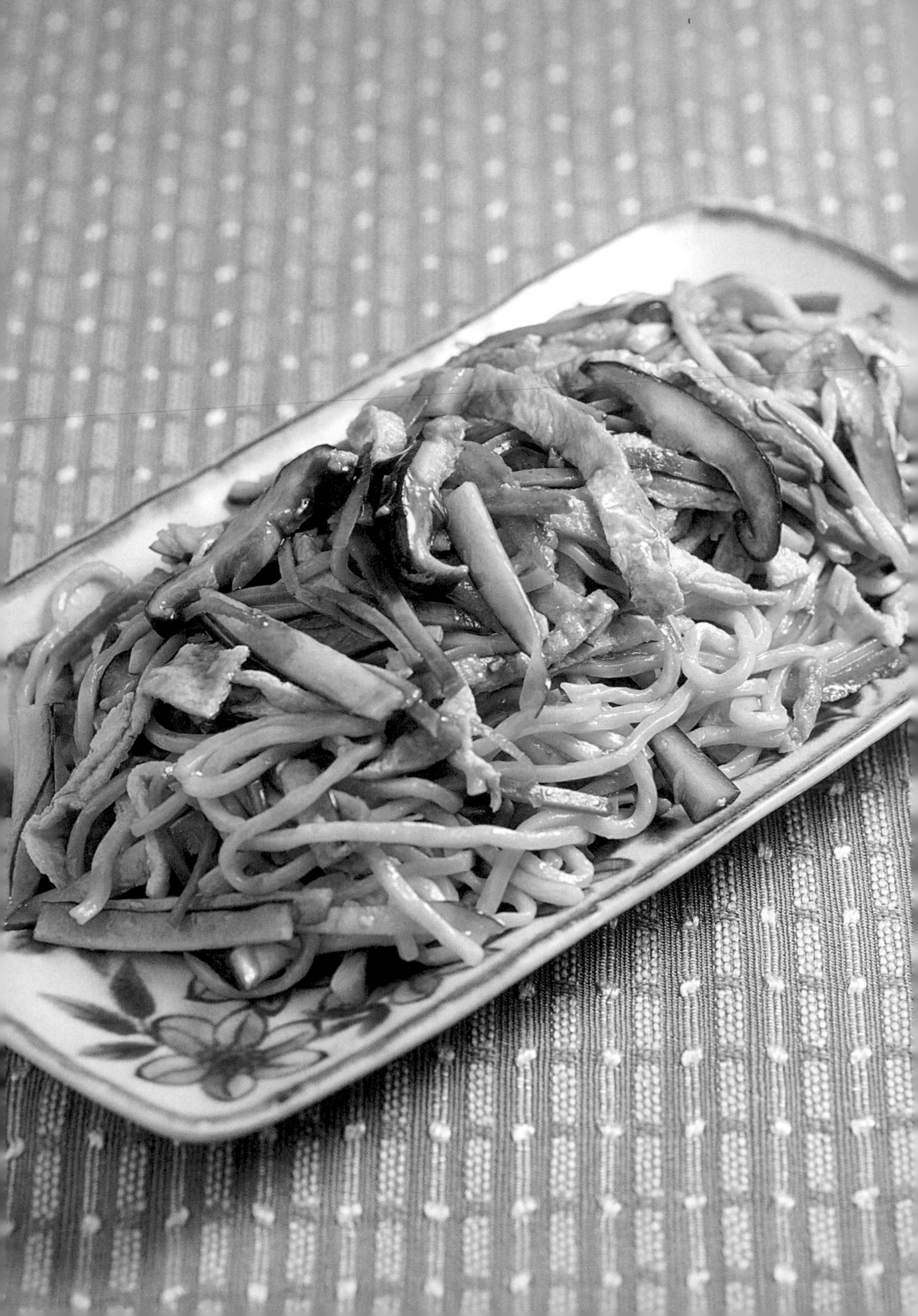

圍桌共享健康彩色麵

五福涼麵

煮麵公式！

油麵　+小黃瓜、紅蘿蔔、蛋、火腿、香菇　+湯匙　= **7** 分鐘

2人份材料 material

油麵2人份、小黃瓜2條、紅蘿蔔半條、蛋2個、洋火腿2片、香菇2朵

調味料 spice

■水果醋、橄欖油各2湯匙，醬油膏1湯匙，辣油、鹽、果糖各1茶匙

作法 recipe

GO!

1
蛋打散入油鍋，慢火煎成蛋皮，涼後切絲。

2
香菇先汆燙後切絲，小黃瓜、紅蘿蔔、洋火腿、均洗淨切絲。

3
調味料全部拌在一起置於碗裡，再把麵與調料混合拌在一起即可盛盤。

清清爽爽的涼麵▼ 五福涼麵

OKAY!

洗洗切切清爽簡單，開胃又低卡洛里，是一道健康麵食。

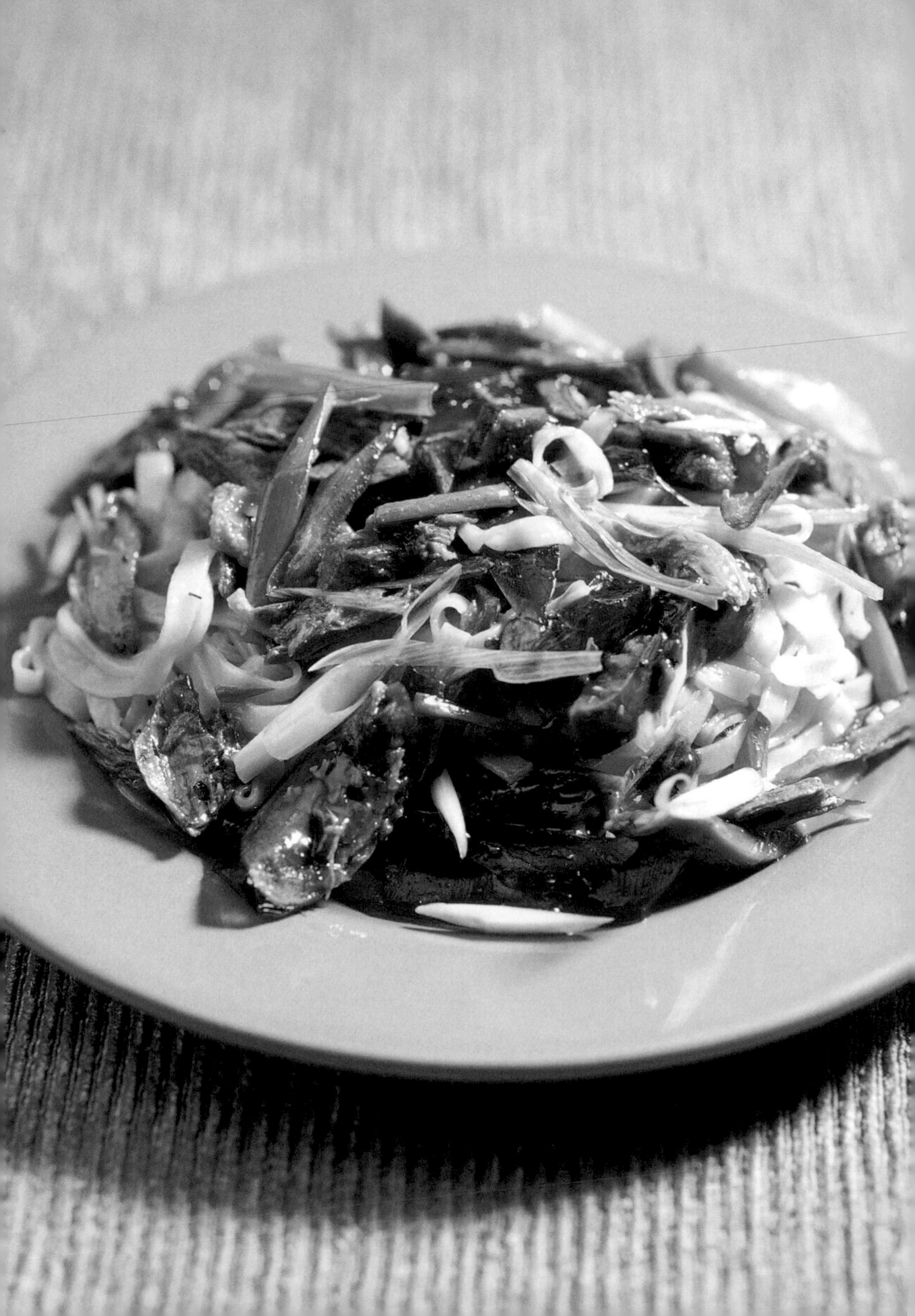

大小鴨鴨協奏曲

鴨絲皮蛋麵

陽春麵　　＋鴨肉、皮蛋　＋手　＝ **6** 分鐘

2人份材料 material

陽春麵2團、熟鴨肉4塊、
皮蛋2個

調味料 spice

■辣油、蠔油各1湯匙，
鹽少許、麻油酌量

■青蔥2支、辣椒1支、
大蒜2粒

作法 r e c i p e

GO!

1

青蔥辣椒洗淨均切絲，皮蛋切成條狀。

2

鴨肉撕成絲，與煮熟的麵一同與所有材料、調
味料混合拌在一起盛盤即可。

清清爽爽的涼麵▼ 鴨絲皮蛋麵

OKAY!

湖南地區的風味麵，香、辣、重
口味方便簡單又可口，你不妨試
試看。

它有炒麵的香，但是
沒有油煙、沒有黏鍋的煩惱，
只有濃縮的甘香與
嚼勁十足的口感，
醬調好、麵煮好，
配料炒一炒、煮一煮，
全部拌在一起就是好味道！

PART 4

小炒乾拌麵

東坡香Q新風貌

豆豉香麵

煮麵公式！

  陽春麵 +  豆豉、五花肉 +  燉鍋 = **1** 小時

2人份材料 material
陽春麵2團
五花肉 200公克

調味料 spice
■香油2湯匙、蠔油1湯匙、醬油1茶匙
■豆豉1小包、辣椒、青蔥各2支、大蒜4粒

作法 recipe
GO!

1
五花肉切小塊，放豆豉、辣椒、大蒜、青蔥、加調味料醃漬10分鐘後，用燉鍋蒸約40分鐘。

2
麵煮熟後撈起瀝乾，加香油使麵散開備用，再燙青江菜。

3
材料蒸熟後，把湯汁倒入麵與青江菜裡拌勻，再把蒸好的肉擺上去即可。

小炒乾拌麵篇▼ 豆豉香麵

OKAY!
湖南家鄉味，重口味的可以再加辣油更顯辣勁。

單純原味享受
牛肉絲拌麵

寬麵 +牛肉片 +炒鍋 = **4** 分鐘

1人份材料 material
寬麵1人份、牛肉絲4兩、葵花油2湯匙

調味料 spice
■蠔油1湯匙、麻油1茶匙，味精、鹽少許、太白粉1湯匙
■蒜苗2支、辣椒1支

作法 r e c i p e
GO!

1

麵煮熟後盛放碗中備用，牛肉切絲加入調味料、太白粉備用，青蒜洗淨切絲。

2

油鍋先燒熱至冒煙，倒入牛肉絲快炒。

3

加辣椒、蒜苗拌炒幾下即熄火，與麵拌在一起即可。

小炒乾拌麵篇 ▼ 牛肉絲拌麵

OKAY!

牛肉絲與嫩蒜苗的搭配可口，簡單又省時間。

嚼不停的香辣拌麵
紹子麵

煮麵公式!

寬麵 + 薺薺 + 炒鍋 = **12**分鐘

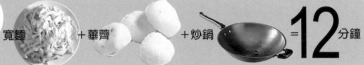

2人份材料 material
寬麵2人份、絞肉2湯匙、香菇2朵、火腿2片、薺薺6顆、小黃瓜1支、紅蘿蔔1/4條

調味料 spice
■ 麻辣油、豆瓣醬、醬油、酒各1湯匙，糖1茶匙、太白粉水2湯匙
■ 青蔥1支、大蒜2粒

作法 recipe
GO!

1
青蔥切粒，其他所有食材均切成丁，麵煮熟後瀝乾備用。

2
油鍋燒熱炒香蔥、蒜、辣豆瓣醬，放肉絲翻炒後加入其他材料炒香，再加調味料勾芡，即可淋在麵上。

小炒乾拌麵篇 ▼ 紹子麵

OKAY!
這是綜合江浙、四川口味的一道麵食。

夠道地的台灣味
肉燥麵

煮麵公式！

 油麵 ＋ 紅蔥頭 ＋ 炒鍋 ＝ **1** 小時

2人份材料 material

油麵2團、絞肉200公克、
紅蔥頭6粒、蝦仁8隻、
豌豆嬰1碗

調味料 spice
■醬油4湯匙、
葵花油半碗、味精、
果糖各1茶匙
■青蔥1支

作法 r e c i p e

GO!

1

紅蔥頭洗淨剝皮切粒，倒入燒熱的油鍋炸至焦黃。

2

放絞肉一同炒香後，加醬油及調味料拌勻入味。

3

加少許水燒開，用慢火燉煮1個鐘頭。

4

麵、豌豆嬰、蝦煮熟撈起瀝乾，淋下肉燥滷汁即可。

小炒乾拌麵篇 ▼ 肉燥麵

OKAY!

台灣道地小吃，多做可以保存多日，想食用時隨時取用非常方便。

豆干與毛豆的二重奏
炸醬麵

陽春麵　 ＋豆干 ＋炒鍋 ＝**8**分鐘

2人份材料 material

陽春麵2團、絞肉200公克、豆干3片、小黃瓜2條、毛豆100公克

調味料 spice

■醬油2湯匙、辣豆瓣醬、甜麵醬各1湯匙、芥花油4湯匙
■大蒜4粒

作法 r e c i p e

GO!

1

豆干、大蒜切碎，毛豆剝皮洗淨，小黃瓜切絲備用。

2

油鍋燒熱，先炸醬料、醬油、大蒜。

3

絞肉、豆干、毛豆陸續加入翻炒改中火燜1分鐘熄火。

4

麵煮熟後撈入麵碗裡，將炸醬料澆入，再加些黃瓜絲即可。

小炒乾拌麵篇 ▼ 炸醬麵

OKAY!

四川口味的炸醬麵，家庭裡會多做些炸醬存用。用餐時只須煮麵，簡單方便。

南台灣的家鄉味小吃
擔擔麵

煮麵公式！

陽春麵 + 芝麻醬 + 炒鍋 = **20** 分鐘

2人份材料 material
陽春麵2團、絞肉200公克、豆干3片、毛豆2湯匙、香菇2朵

調味料 spice
■芝麻醬2湯匙、芥花油1湯匙半、麻辣油1湯匙，鹽、果糖各1茶匙
■青蔥2支

作法 recipe
GO!

1 香菇泡軟後切丁、青蔥切粒、豆干切丁備用。

2 油鍋燒熱炒香菇、絞肉、豆干、毛豆後與混合好的調味料拌勻備用。

3 麵煮熟後撈出瀝乾，與材料勻拌即可。

小炒乾拌麵篇 ▼ 擔擔麵

OKAY!
做法簡單，香辣可口，與炸醬麵最不同的是調味料，各有千秋。

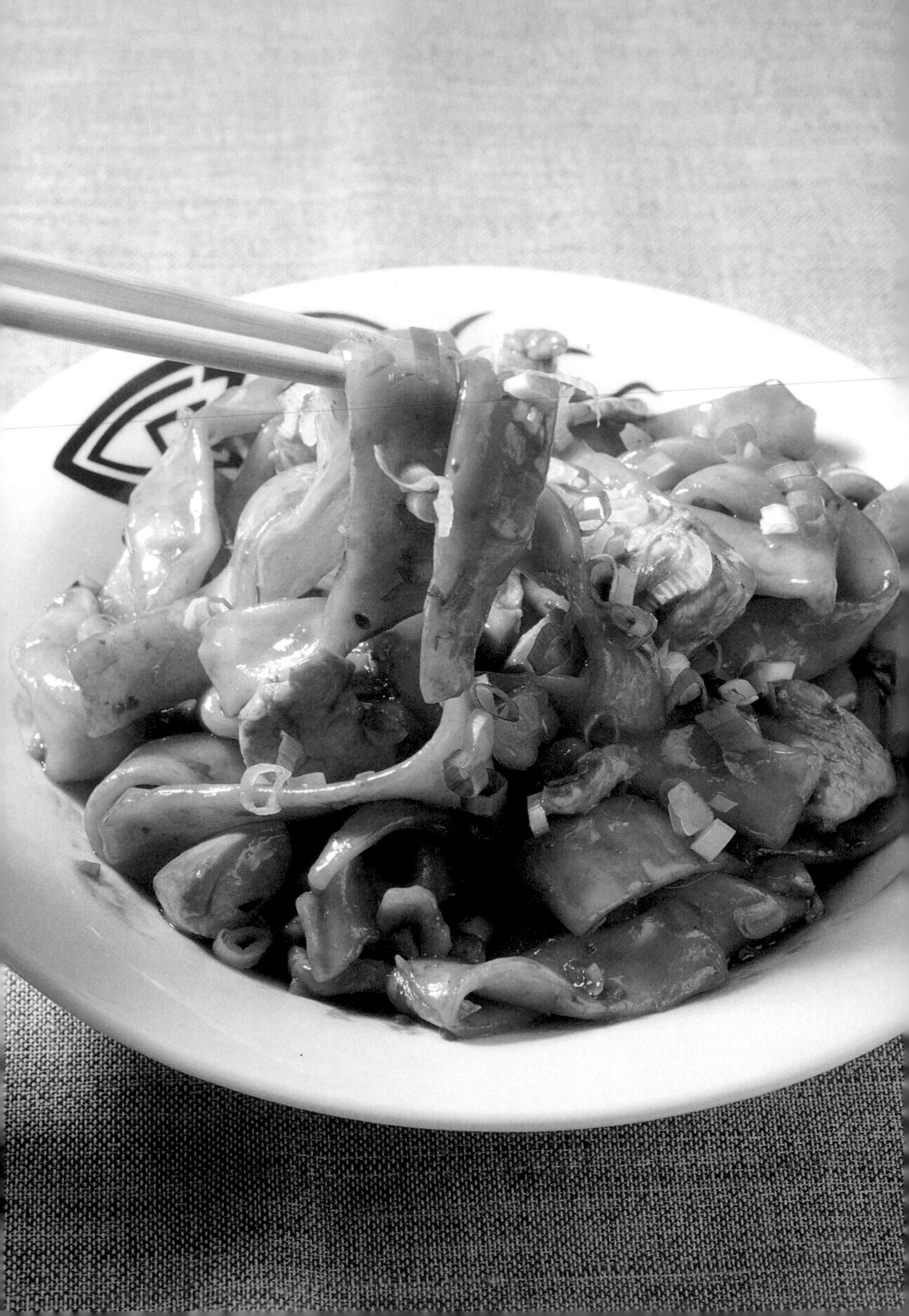

簡單夠味雞料理
香辣雞麵

煮麵公式！

刀削麵  ＋辣豆瓣醬 ＋炒鍋  ＝**12**分鐘

2人份材料 material
刀削麵2碗、雞胸肉2片

調味料 spice
■蠔油、辣豆瓣醬各2湯匙，麻油1湯匙、水2碗半
■青蔥2支、大蒜4粒

作法 recipe
GO!

1
雞肉洗淨切成小塊狀，大蒜剝皮切片，青蔥切粒。

2

油鍋燒熱後炒香蒜片，放入雞肉翻炒與調味料拌勻後加水燒開，改中火燜至湯汁剩1碗半左右就熄火。

3

利用鍋中餘熱把煮好的麵與雞肉湯汁拌合，灑下蔥粒即可。

OKAY!
簡單易做又省時間，是家庭裡最常見的麵食做法。

小炒乾拌麵篇 ▼ 香辣雞麵

濃郁香辣闔家皆宜

咖哩雞麵

煮麵公式!

意麵 + 咖哩塊  + 炒鍋 = **17**分鐘

2人份材料 material
意麵2團、雞胸肉1片、咖哩2小塊

調味料 spice
■芥花油、太白粉水各2湯匙,酒1湯匙,鹽、醬油、香油各1茶匙
■洋菇10個、青椒1個、紅蘿蔔1/2條、洋蔥半個

作法 recipe

GO!

1

青椒、紅蘿蔔切成片狀,雞肉切小塊狀,洋菇切片,洋蔥切丁。

2

油鍋燒熱後,放入雞肉翻炒數下,再下洋蔥、紅蘿蔔一起炒。

3

放青椒加調味料一同拌炒後,放入咖哩塊調拌均勻入味,最後以太白粉水勾芡。

4

麵用另一鍋水煮好瀝乾,盛入盤內淋下咖哩雞即可。

小炒乾拌麵篇 ▼ 咖哩雞麵

OKAY!

雞肉先炒過可以封住肉汁,吃起來鮮美爽口。

QQ一塊入口即化
牛筋麵

寬麵 ＋牛筋 ＋燉鍋 = **5**小時

3人份材料material
寬麵3碗、牛筋1斤、香菇2朵、冬筍1支、青江菜6棵

調味料spice
■滷包1包、蠔油3匙、香油1匙,胡椒粉、鹽各1茶匙,高湯、太白粉水各1碗,米酒半碗
■紅辣椒1支、蔥2支、薑2片

作 法 r e c i p e
GO!

1
牛筋放入滾水中,煮出髒水後洗淨切塊狀,用燉鍋將牛筋與米酒、蠔油、滷包蔥薑燉煮5個鐘頭。

2
冬筍煮熟後切片,青江菜汆燙一下,紅辣椒切粒,麵煮熟盛入盤裡。

3
用一炒鍋放入高湯及燉煮好的牛筋、菜類,最後勾芡加入鹽及胡椒粉,即可淋入麵盤裡,再淋些香油,牛筋麵就大功告成了。

小炒乾拌麵篇 ▼ 牛筋麵

OKAY!

牛筋含有豐富的膠質,缺鈣者食用是最佳的營養餐點。

看起來是麵，

但又不是麵做的，

有米、有綠豆，還有黃豆，

是麵粉做的，卻又長得不像麵條，

偏偏像線一樣細，

不然就是一團的奇形怪狀。

獨特的口感與視覺驚喜，

讓吃麵有了莫大樂趣！

PART 5

非麵麵料理

原味清甜銀絲

蟹肉粉絲煲

煮麵公式!

綠豆粉絲  ＋花蟹 ＋砂鍋 ＝**25**分鐘

4人份材料 material
綠豆粉絲4捆、花蟹2隻

調味料 spice
■沙茶醬、米酒、芥花油
各2湯匙，蠔油1湯匙、香
油1茶匙、鹽少許
■薑2片、蔥2支

作法 recipe

GO!

1
螃蟹洗淨，去除腮部剁成4大塊，大螯用刀背
拍裂、去掉蟹腳尾端。

2
處理好的蟹肉用鹽、酒醃漬著備用。

3
粉絲煮熟撈出沖水瀝乾，加沙茶醬、蠔油拌
勻，用一油鍋爆香蔥段、炒粉絲後盛起置入砂
鍋。

4
蟹肉放在粉絲上蒸約10分鐘後，灑下蔥花淋
入香油即可。

OKAY!

秋天螃蟹肥美，只要新鮮，任何
螃蟹做起來都好吃。

非麵麵料理▼ 蟹肉粉絲煲

麻酸辣甜異國料理

泰式炒河粉

煮麵公式！

河粉 + 竹筍  + 炒鍋 = **9**分鐘

2人份材料 material
河粉2包、肉絲2湯匙、
洋菇10朵、綠竹筍1支、
小白菜4棵、蝦仁10隻

調味料 spice
■蠔油、芥花油各2湯匙，
醬油、烏醋各1茶匙，鹽、
糖少許
■辣椒2支

作 法 r e c i p e

GO!

1
竹筍煮熟切片，辣椒切絲，小白菜切段，洋菇切片，蝦仁挑去蝦泥，肉切絲。

2
油鍋燒熱後，先炒辣椒、肉絲、洋菇、筍片、蝦仁，加調味料後與河粉燴炒拌勻入味，加小白菜翻炒數次後即可盛盤。

非麵麵料理▼ 泰式炒河粉

OKAY!
也可加海鮮拌炒，與台式海鮮炒麵不同的是，多加辣椒，口味嗆。

滋補肥鴨料理
鴨肉冬粉

煮麵公式!

冬粉 ＋鴨肉、白果 ＋湯鍋 ＝**5**分鐘

4人份材料 material
冬粉4捆，鴨肉1/4隻

調味料 spice
■米酒2湯匙，鹽、香油各1茶匙，味精少許
■嫩薑絲1湯匙、白果20粒、枸杞1湯匙、芹菜1棵

作法 recipe
GO!

1
肉剁成塊狀，用滾水煮一遍倒掉洗淨。白果、枸杞、冬粉均沖洗，芹菜切末。

2
鴨肉放入一鍋中加入薑絲、米酒、白果、5碗水燉煮50分鐘，再放枸杞、鹽、味精。

3
最後放入冬粉，煮至冬粉變軟即熄火。食用時淋下香油、灑下芹菜末即可。

非麵麵料理▼ 鴨肉冬粉

OKAY!
作法簡單清香可口，是另一種截然不同的享受。

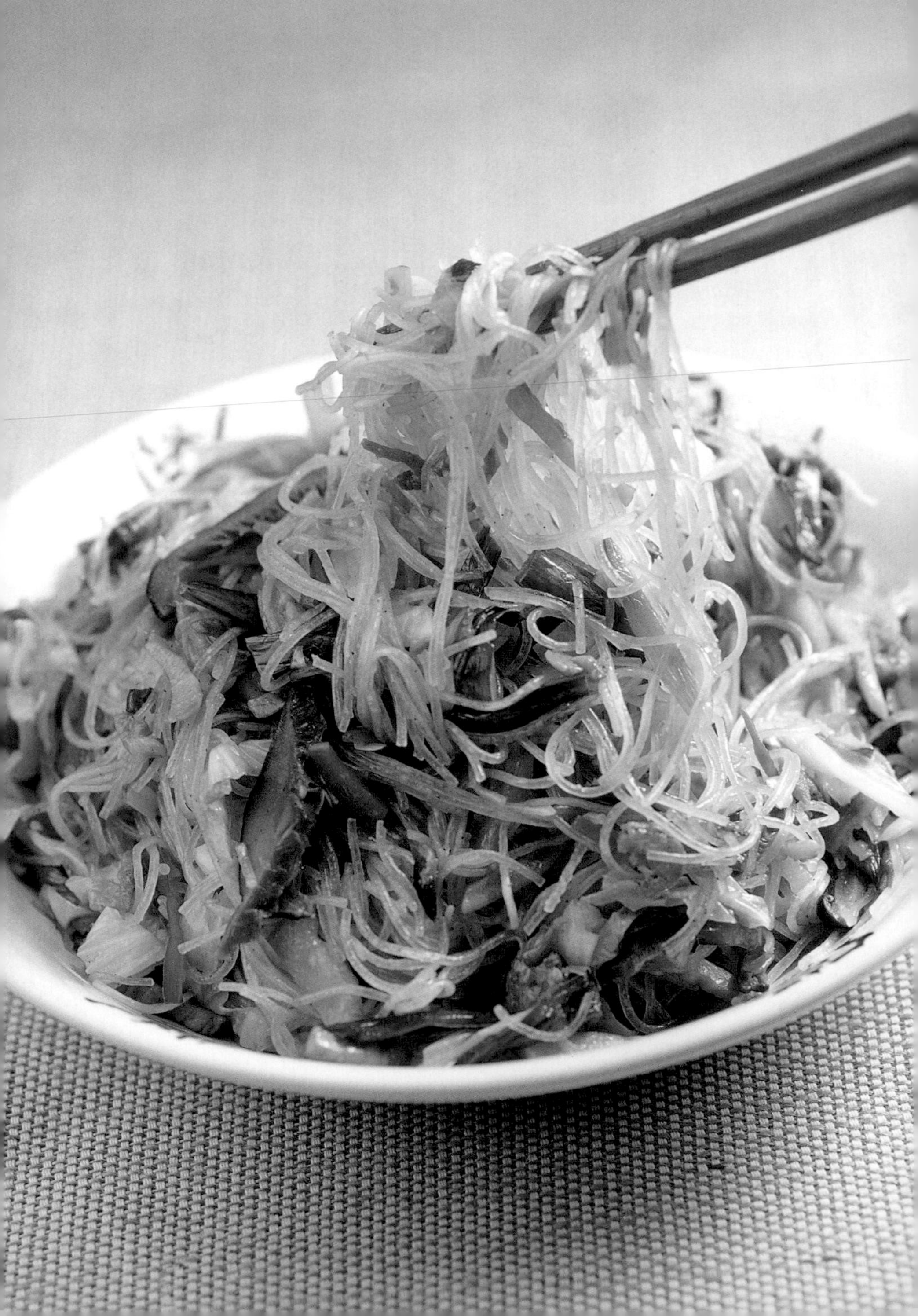

夠份量的簡單麵食
炒米粉

煮麵公式!

米粉 ＋高麗菜 ＋炒鍋 ＝ **25** 分鐘

4人份材料 material

埔里米粉1板、豬肉絲200公克、高麗菜1/4棵、魷魚半隻

調味料 spice

■醬油1茶匙半、鹽半茶匙，胡椒粉、味精少許，芥花油3湯匙

■青蔥2支、香菇2朵、金鉤蝦10個，韭菜、紅蘿蔔絲2湯匙

作 法 r e c i p e
GO!

1
米粉浸泡水中，大約20分鐘後撈起瀝乾。

2
高麗菜、香菇均切成絲，韭菜、青蔥切段，魷魚切絲備用。

3
油鍋燒熱先爆香，放蔥段、香菇、金鉤蝦、肉絲後放調味料，再放高麗菜、紅蘿蔔絲翻炒。

4
最後放入米粉，以中火拌炒免得炒焦，最後放韭菜翻炒至軟即可。

非麵麵料理▼ 炒米粉

OKAY!

炒米粉在台灣家庭裡，幾乎是所有家庭主婦最拿手的一道家中餐食。

咬勁十足的碗底雲
麵疙瘩

煮麵公式！

中筋麵粉 + 雞蛋 + 湯匙 = **72**分鐘

1人份材料 material
中筋麵粉1碗、香菇2朵、鴻禧菇6朵、肉絲2湯匙、青江菜2棵

調味料 spice
■鹽1茶匙半、香油1茶匙，胡椒粉、味精少許
■青蔥1支、高湯1碗

作法 recipe
GO!

1

麵粉加蛋、水，以及半匙鹽，攪拌均勻至黏稠狀後，再加水淹蓋在麵上，醒1個鐘頭。

2

醒好的麵團以小湯匙挖麵丟入滾水中，浮出後撈起就是麵疙瘩。

3

油鍋爆香蔥段、肉絲、香菇、紅蘿蔔絲，加調味料後放高湯、水，滾開後將麵疙瘩、青江菜放入燒開即可。

非麵麵料理▼ 麵疙瘩

OKAY!

麵疙瘩加任何材料都可以，酸的、辣的，隨你喜歡。

旺氣長壽麵

豬蹄麵線

麵線 + 豬腳 + 燉鍋 = **5** 小時

4人份材料 material

麵線半把、豬前腳1支、當歸3片、青耆10片、枸杞1湯匙、豌豆嬰50公克

調味料 spice

■蠔油2湯匙、米酒半瓶，鹽、味精1各茶匙

■青蔥2支、薑3片

作 法 r e c i p e

GO!

1

豬腳剁成6塊，去毛洗淨，醃調味料備用。

2

醃好的豬腳放入燉鍋加薑片、蔥段、當歸、青耆、枸杞燉煮5個鐘頭。

3

麵線、豌豆嬰用一鍋開水大火煮熟，撈起盛入大碗裡，澆上燉好的豬腳、滷汁，就成了豬蹄麵線。

非麵麵料理▼ 豬蹄麵線

OKAY!

台灣有名的菜式之一，通常是用來慶生、去霉運，這也是一道老少咸宜頗受歡迎的麵食。

鬆鬆軟軟的鄉土味

芋頭米粉湯

米粉 ＋芋頭 ＋炒鍋 ＝**12**分鐘

4人份材料 material
米粉1板、芋頭1個、肉絲2湯匙

調味料 spice
■鹽、蠔油各1茶匙，芥花油2湯匙，高湯1碗，胡椒粉、味精少許
■油蔥酥1湯匙、韭菜半斤、金鉤蝦15粒、香菇4朵

作 法 r e c i p e

GO!

1

芋頭削皮洗淨，切成3公分長塊狀。韭菜洗淨切段、金鉤蝦泡水5分鐘、香菇泡軟切絲，米粉泡軟。

2

油鍋燒熱，炸香金鉤蝦、香菇、肉絲，放蠔油提味，加入高湯1碗、水4碗。

3

燒開後放油蔥酥、芋頭，煮約5分鐘再加入米粉、韭菜、調味料即可。

非麵麵料理▼ 芋頭米粉湯

OKAY!

芋頭的香味滲進米粉湯裡，非常鮮美，老祖宗不知傳了幾代，至今還是屢吃不膩。

日式減肥聖品
味噌蒟蒻麵

煮麵公式！

蒟蒻　+味噌　　+炒鍋　　= **7**分鐘

1人份材料 material
蒟蒻1盒、雞胸肉2片

調味料 spice
■酒、芥花油各1湯匙，味噌2湯匙，醬油、砂糖各1茶匙，鹽、香油少許
■薑2片、蔥1支、紅蘿蔔絲1湯匙、小黃瓜一條

作法 r e c i p e
GO!

1
蒟蒻汆燙撈，出放入冷水中，取出瀝乾備用。

2
雞肉煮熟撕成絲狀，小黃瓜、薑均切絲。

3
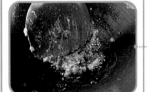
油鍋燒熱炒味噌、薑絲、蔥絲，加入2碗水和勻後放調味料，煮開後熄火。

4

蒟蒻盛入碗中，肉絲、黃瓜絲、紅蘿蔔絲排放蒟蒻四週，將湯汁淋上即可。

OKAY!
蒟蒻不含膽固醇，是減肥的最佳食品。

非麵麵料理▼ 味噌蒟蒻麵

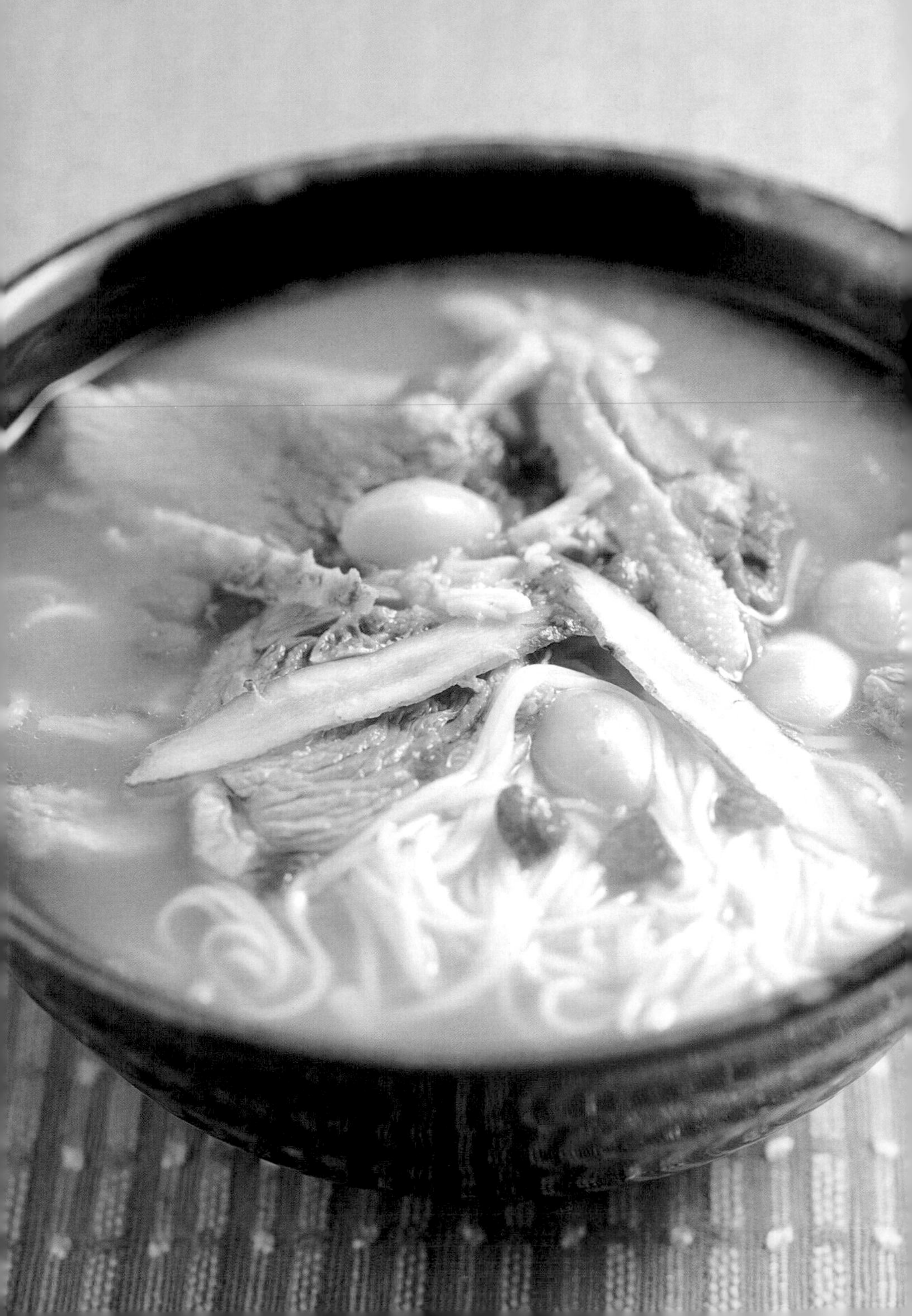

台式補身益氣料理

當歸麵線

煮麵公式!

麵線 ＋當歸、白果 ＋湯鍋 ＝**1**小時

2人份材料 material

麵線2捆、鵝肉1/4隻、當歸3片、青耆10片、枸杞20粒、白果12粒

調味料 spice

■米酒半瓶、鹽2茶匙、味精1茶匙、麻油2湯匙
■薑3片

作法 r e c i p e

GO!

1

鵝肉先煮過一遍去掉雜質，洗淨後瀝乾備用。

2

麻油燒熱後炸香薑片，與鵝肉、當歸、青耆、枸杞、白果一同燉煮，加米酒及材料以小火燉煮1個鐘頭。至鵝肉煮爛，放鹽、味精。

3

麵線用另一鍋水煮熟瀝乾，盛入碗內淋下燉煮好的鵝肉當歸湯即可。

非麵麵料理▼ 當歸麵線

OKAY!

台灣民間滋補的一道麵食，老少咸宜。尤其是做月子的婦女最受歡迎的一種餐點。

深夜的懷念滋味

蚵仔麵線

煮麵
公式!

麵線 + 蚵仔 + 炒鍋 = **8** 分鐘

2人份材料 material
麵線2把、蚵仔半斤、
絲瓜1條

調味料 spice
■鹽1茶匙、味精半匙、
芥花油1湯匙、太白粉2湯
匙、高湯1碗
■青蔥2支

作 法 r e c i p e

GO!

1
絲瓜削皮切片、青蔥洗淨切絲，麵線汆燙即撈
起待用。

2
蚵仔洗淨瀝乾後，沾裹太白粉。

3
炒青蔥、絲瓜，加高湯及1碗水，蓋住鍋蓋至
絲瓜軟，最後加入蚵仔、麵線再加調味料即
可。

非麵麵料理▼ 蚵仔麵線

OKAY!
夏天裡最清爽的絲瓜麵線，甜甜
的滋味令人回味無窮。

米做的寬麵條
粿仔條湯

煮麵公式！

粿仔條 ＋ 里肌肉 ＋ 炒鍋 ＝ **4**分鐘

2人份材料 material

粿仔條2碗、里肌肉100公克、魚板6片

調味料 spice

■胡椒粉、鹽、香油各1茶匙，芥花油2茶匙、味精少許

■青蔥1支、油蔥酥2茶匙、豌豆嬰1碗

作法 r e c i p e
GO!

1
里肌肉切絲，豌豆嬰沖洗瀝乾，青蔥切段。

2
油鍋燒熱炒蔥段、肉絲、油蔥酥。

3
加水4碗，燒滾後放入粿仔條，至軟再加魚板、豌豆嬰及調味料，就可盛入麵碗。

非麵麵料理▼　粿仔條湯

OKAY!
不一樣的客家風味，也是台灣街頭小吃最常見的點心之一。

台味烏龍麵

米苔目湯

煮麵
公式!

 米苔目 ＋油蔥酥  ＋炒鍋 ＝**4**分鐘

2人份材料　material
米苔目2碗、肉絲2湯匙、
香菇2朵

調味料　spice
■香油、鹽、味精各1茶
匙，胡椒粉少許
■油蔥酥2湯匙、芹菜2支

作法　r e c i p e
GO!

1
肉切成絲，芹菜切粒狀，香菇切絲。

2
油鍋燒熱炒肉絲、香菇、芹菜、油蔥酥。

3
加水4碗，燒開加調味料後，放米苔目煮至軟
即可。

非麵麵料理▼　米苔目湯

OKAY!
台灣農家收成時的點心之一，夏
天加糖水，冬天則煮米苔目湯。

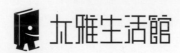

太雅生活館叢書・知己實業股份有限公司總經銷

購書服務

● 更方便的購書方式：

（1）信用卡訂購 填妥「信用卡訂購單」，傳真或郵寄至知己實業股份有限公司。

（2）郵政劃撥 帳戶：知己實業股份有限公司 帳號：15060393

在通信欄中填明叢書編號、書名及數量即可。

（3）通信訂購 填妥訂購人姓名、地址及購買明細資料，連同支票或匯票寄至知己公司。

◎ 購買2本以上9折優待，10本以上8折優待。

◎ 訂購3本以下如需掛號請另付掛號費30元。

● 信用卡訂購單（要購書的讀者請填以下資料）

書　名	數　量	金　額

□VISA　□JCB　□萬事達卡　□運通卡　□聯合信用卡

・卡號＿＿＿＿＿＿＿　・信用卡有效期限＿＿＿＿＿年＿＿＿＿＿月

・訂購總金額＿＿＿＿＿元　・身分證字號＿＿＿＿＿＿＿

・持卡人簽名＿＿＿＿＿＿＿（與信用卡簽名同）

・訂購日期＿＿＿＿＿年＿＿＿＿＿月＿＿＿＿＿日

填妥本單請直接影印郵寄回知己公司或傳真（04）23597123

總經銷：知己實業股份有限公司

◎ 購書服務專線：（04）23595819＃231 FAX：（04）23597123

◎ E-mail：itmt@ms55.hinet.net

◎ 地址：407台中市工業區30路1號

很高興您選擇了太雅生活館(出版社)的「個人旅行」書系，陪伴您一起快樂旅行。只要將以下資料填妥後回覆，您就是太雅生活館「旅行生活俱樂部」的會員，可以收到會員獨享的最新旅遊情報。

707

這次購買的書名是：生活技能／開始動手煮碗麵 (Life Net 707)

1.姓名：＿＿＿＿＿＿＿＿＿＿＿ 性別：□男 □女

2.出生：民國 ＿＿＿＿ 年 ＿＿＿＿ 月 ＿＿＿＿ 日

3.您的電話：＿＿＿＿＿＿ 地址：郵遞區號□□□ ＿＿＿＿＿＿

E-mail：＿＿＿＿＿＿＿＿＿＿＿＿＿＿＿＿＿＿＿

4.您的職業類別是：□製造業 □家庭主婦 □金融業 □傳播業 □商業 □自由業
□服務業 □教師 □軍人 □公務員 □學生 □其他 ＿＿＿＿

5.每個月的收入：□18,000以下 □18,000~22,000 □22,000~26,000
□26,000~30,000 □30,000~40,000 □40,000~60,000 □60,000以上

6.您從哪類的管道知道這本書的出版？□＿＿＿＿報紙的報導 □＿＿＿報紙的出版廣告
□＿＿＿雜誌 □＿＿＿廣播節目 □＿＿＿網站 □書展 □逛書店時無意中看到
的 □朋友介紹 □太雅生活館的其他出版品上

7.讓您決定購買這本書的最主要理由是？ □封面看起來很有質感
□內容清楚資料實用 □題材剛好適合 □價格可以接受
□其他

8.您會建議本書哪個部份，一定要再改進才可以更好？為什麼？

9.您是否已經看著這本書做菜？使用這本書的心得是？有哪些建議？

10.您平常最常看什麼類型的書？□檢索導覽式的旅遊工具書 □心情筆記式旅行書
□食譜 □美食名店導覽 □美容時尚 □其他類型的生活資訊 □兩性關係及愛情
□其他

11.您計畫中，未來會去旅行的城市依序是？ 1.＿＿＿＿＿＿ 2.＿＿＿＿＿＿
3.＿＿＿＿＿＿ 4.＿＿＿＿＿＿ 5.＿＿＿＿＿＿

12.您平常隔多久會去逛書店？□每星期 □每個月 □不定期隨興去

13.您固定會去哪類型的地方買書？□連鎖書店 □傳統書店 □便利超商
□其他

14.哪些類別、哪些形式、哪些主題的書是您一直有需要，但是一直都找不到的？

填表日期：＿＿＿＿ 年 ＿＿＿＿ 月 ＿＿＿＿ 日

太雅生活館　編輯部收

106台北郵政53～1291號信箱
電話：(02)2773-0137

傳真：**02-2751-3589**
(若用傳真回覆，請先放大影印再傳真，謝謝！)

太雅生活館

有 行 動 力 的 旅 行 ， 從 太 雅 生 活 館 開 始